AF459646

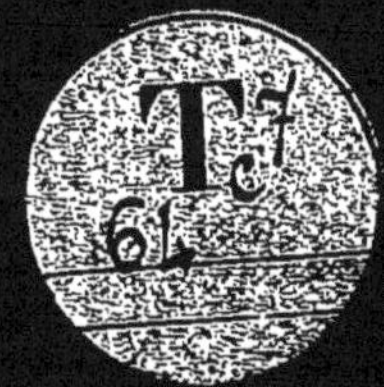
T
7
c
61

HYGIÈNE COLONIALE

PAR

EDOUARD HENRY

Agrégé de l'Université

Professeur de Sciences naturelles et d'hygiène au Lycée de Lorient

---

Evitez les excès de toute sorte.

LORIENT
[IMPRI]MERIE CENTRALE A. DE LA MORINIÈRE, ÉDITEUR
69, rue du Morbihan

1893

HYGIÈNE COLONIALE

PAR

EDOUARD HENRY

Agrégé de l'Université

Professeur de Sciences naturelles et d'hygiène au Lycée de Lorient

---

Evitez les excès de toute sorte.

MÉMOIRE COURONNÉ PAR LA SOCIÉTÉ FRANÇAISE D'HYGIÈNE

(MÉDAILLE DE VERMEIL)

LORIENT

IMPRIMERIE CENTRALE A. DE LA MORINIÈRE, ÉDITEUR

69, rue du Morbihan

—

1893

HYGIÈNE COLONIALE

INTRODUCTION

Depuis vingt ans, la France a considérablement agrandi son domaine colonial, la mise en valeur de toutes ces possessions nécessite naturellement une forte émigration de fonctionnaires, colons (etc). Dans ces pays, tout dépend d'une bonne hygiène. Sans elle, tout établissement est voué à une fin prochaine, c'est là un fait que l'expérience a trop souvent démontré. Désireuse de vulgariser les connaissances relatives à l'acclimatation de l'Européen, d'enseigner aux colons les moyens de s'adapter aux exigences d'un milieu nouveau et différent, la Société Française d'hygiène mit au Concours en 1892 ce sujet plein d'actualité : « Exposer au point de vue pratique les principes qui dans nos colonies, doivent diriger l'Européen en ce qui concerne l'habitation, le genre de vie, le vêtement, l'alimentation et le travail. »

Dans les régions froides ou tempérées, la race blanche s'implante et fait souche avec une grande facilité. Le problème est plus compliqué pour les contrées chaudes où se trouvent nos colonies. Aussi, dans ce mémoire, la question a-t-elle été traitée en insistant d'une façon spéciale sur l'hygiène dans les pays intertropicaux.

HYGIÈNE COLONIALE

CHAPITRE I

CLIMAT DES COLONIES — CONDITIONS DE SALUBRITÉ

Sauf l'Algérie et la Tunisie, toutes nos colonies se trouvent situées entre les tropiques, dans le voisinage ou au milieu des grands océans. En vertu de ces deux conditions, leur climat offre beaucoup d'analogie.

§ 1er. — CONSIDÉRATIONS GÉNÉRALES SUR LE CLIMAT

Le climat sec et salubre de l'Algérie et de la Tunisie se rapproche de celui du littoral français méditerranéen. La différence entre les saisons s'accentue au fur et à mesure qu'on s'avance vers les hautes régions de l'Atlas où règnent un été très chaud et un hiver très froid.

Dans nos colonies tropicales, l'année se divise en deux saisons ; l'une sèche et relativement fraîche, l'autre chaude et pluvieuse appelée improprement l'*hivernage*. Le colon trouvera donc un climat caractérisé 1° *par une grande chaleur*, 2° *par une grande humidité*.

Température. — La température est d'autant plus élevée que les rayons du soleil arrivent moins obliquement. Deux fois par an, ils frappent la terre suivant une direction voisine de la verticale, c'est le moment des grandes chaleurs et des fortes pluies.

La température dépend aussi de l'altitude. Elle s'abaisse de 1° C. quand on s'élève de 150m environ au-dessus du niveau de la mer. Sur les hauteurs de la Réunion, de Madagascar, du Congo, à 800 ou 900m, le climat redevient tempéré.

Les variations nycthémérales de la température sont d'autant plus grandes que l'air est plus sec. Elles sont faibles dans les plaines basses, marécageuses, voisines de la mer (Cochinchine, Guyane, etc.) ; considérables dans les régions sablonneuses (Sénégal) et sur les endroits très élevées.

Pluies. — *Le soleil amène avec lui les pluies.* Les pluies ne tombent pas continuellement, mais par *averses violentes,* souvent par grains et d'une manière soudaine. La quantité de pluie qui tombe dépend aussi de l'orientation des chaînes de montagne quand il en existe. Le côté exposé aux vents humides reçoit plus d'eau que le côté sous le vent. Ce dernier est plus sec et plus salubre (Antilles, Tahiti, la Réunion, Madagascar, etc.)

Humidité du sol. — Elle dépend surtout du mode d'écoulement des pluies. Elle est considérable dans les plaines basses et plates; là les eaux séjournent, s'infiltrent dans le sol et forment une nappe d'eau souterraine qui vient souvent affleurer à la surface. Ces terrains souvent inondés par les débordements des fleuves, sont toujours plus humides et moins salubres que les régions élevées, en pente, où l'eau s'écoule aisément.

Humidité de l'air. — Brouillards. — La fraction de saturation est *toujours* très élevée, et oscille entre 0,75 et 0,90. Elle atteint son maximum le matin et le soir, et décroît aux heures chaudes. Au lever et au coucher du soleil, les pays bas et plats pénétrés d'humidité, les sols marécageux, sont couverts d'un brouillard blanc, épais, produit par la condensation de la vapeur d'eau. Dans les plaines, ces brouillards ne s'élèvent souvent qu'à quelques mètres de hauteur au-dessus du sol; dans les régions montagneuses, où existe de l'eau stagnante, le brouillard descend et s'accumule dans les dépressions. Le vent peut transporter au loin ces *émanations du sol.* Le colon évitera soigneusement de les respirer.

La tension de la vapeur d'eau croît avec la température *pendant la journée* et *pendant les saisons.* Il est très important de remarquer qu'elle est moindre sur les hauteurs que dans les plaines basses et humides.

Vents. — Nos colonies intertropicales sont situées dans la région des vents alizés ou des moussons. Pour les premières, le vent souffle dans une direction constante pendant la majeure partie de l'année. Pour les secondes, les vents périodiques ne changent de direction que d'une saison à l'autre (Madagascar, Indo-Chine). Le colon s'informera de ces directions pour orienter et aménager sa demeure. — Sur les côtes, le régime des vents réguliers est modifié : tous les matins le vent vient de la mer (brise de mer) dès que la chaleur du jour se fait sentir (8h 9h). Le soir, au moment du coucher du soleil, le vent souffle en sens contraire (brise de terre) jusqu'au lendemain matin. Dans toutes nos colonies se produisent des bourrasques, tornades, cyclones ; la force du vent est alors considérable. Ces phénomènes ont lieu surtout pendant l'hivernage ; dans cette saison le temps est lourd et orageux, l'atmosphère fortement chargée d'électricité.

§ II. — CONDITIONS CRÉANT L'INSALUBRITÉ

Salubrité du climat. — Contrairement à une opinion très répandue, le climat des pays chauds n'est pas insalubre, il est conciliable au contraire avec une très grande salubrité. Deux colonies jouissant du même climat peuvent être saines ou malsaines, preuve que le climat ne crée pas l'insalubrité. La Réunion est salubre, et à côté Mayotte est insalubre ; les côtes du Sénégal sont malsaines, et en face les îles du Cap Vert sont renommées pour leur salubrité. Les quartiers nord de la Martinique, les Saintes à la Guadeloupe sont très salubres, le Lamentin et la Basse Terre sont insalubres.

Placé dans une colonie très salubre, l'Européen devra cependant observer certaines précautions indispensables pour maintenir sa santé et lutter avec avantage contre la chaleur sèche ou humide.

Influence de la chaleur sèche ou humide. — Quand le sol n'est pas malsain, un pays est d'autant plus salubre que l'air est plus sec. L'expérience démontre cette vérité et il est facile de s'en rendre compte. En effet, le corps humain produit sans cesse de la chaleur ; d'autre part sa température doit toujours être constante et rigoureusement égale à + 37° C : pour satisfaire à ces deux conditions, une grande partie de la chaleur produite doit se perdre au dehors d'une façon régulière, et si par *rétention de calorique* elle croît de 1° seulement, la santé se trouve compromise et le jeu de nos organes profondément troublé. En pays chaud, cette déperdition nécessaire de chaleur s'effectue surtout par l'évaporation de la sueur et de l'eau exhalée par les poumons. Cette évaporation produit du froid qui rafraîchit le corps et le maintient à + 37° C.

Dans un climat chaud mais sec, la sueur s'évapore facilement ; l'homme ne souffre pas d'une haute température. Les Français au Chili, les Anglais en Australie, les Arabes dans le Sahara ne souffrent aucunement de la chaleur et procréent une race forte et vigoureuse.

Dans un milieu chaud et humide, l'évaporation de l'eau de transpiration et la déperdition de calorique s'effectuent difficilement. La température du corps tend donc à s'élever ; les sueurs sont alors sécrétées en abondance par la peau, et ces sueurs non vaporisées, *inutiles*, constituent la principale cause d'épuisement et d'anémie pour l'Européen. Elles équivalent presque à une saignée. Ces sueurs déterminent une soif ardente qui pousse à ingérer une grande quantité de liquide, ce qui affaiblit le tube digestif, s'oppose aux fonctions de la digestion et amène la perte de l'appétit. — Toutes les boissons absorbées passent dans le foie, le surexcitent, de là une tendance de l'organe à se congestionner, à sécréter trop de bile, de là l'état bilieux. — Enfin en pays humide, la tension élevée de la vapeur d'eau détermine une diminution de la pression de l'oxygène de l'atmosphère, pression seule efficace dans la respiration (Paul Bert). Les échanges gazeux dont les poumons sont le siège, l'hématose, s'effectuant peu aisément, on éprouve une gêne et la sensation d'un air lourd et pesant.

Influence du sol. — Si l'on n'observait pas les règles d'une bonne hygiène, toutes ces causes réunies amèneraient rapidement l'anémie tropicale. Mais il faut le répéter ici, ce n'est pas le climat qui s'oppose à l'acclimatement des Européens, l'insalubrité des colonies dépend des conditions du sol. Le sol est insalubre quand il est PALUDÉEN. Un sol paludéen *est un sol pénétré d'humidité et imprégné de matières organiques en décomposition*. Tels sont les terrains marécageux couverts d'eau dormante (marais, étangs, rizières, marais salants); les terres végétales des plaines basses et humides tour à tour couvertes d'eau par les débordements des fleuves, puis découvertes ; les pays d'alluvions accidentellement noyés par les pluies de l'hivernage, couverts de flaques d'eau et de marigots ; les bords *vaseux* de la mer plantés de mangliers et de palétuviers ;

les rives *vaseuses* des fleuves et des rivières charriant de l'eau douce et de l'eau salée. Un sol riche, puissant, pénétré d'humidité, équivaut au marais. Les premiers défrichements des terres riches en humus et en débris organiques sont dangereux. Le sol des forêts couvert d'une épaisse végétation se maintient humide et s'imprègne de débris de végétaux en putréfaction. Aussi les forêts tropicales, la brousse, sont-elles insalubres au même titre que les marais; on y rencontre les mêmes maladies infectieuses, funestes aussi bien aux indigènes qu'aux Européens.

Du sol *paludéen* se dégagent des émanations putrides, des miasmes, qui occasionnent les affections connues sous le nom de fièvres paludéennes, fièvres telluriques. On désigne aussi ces accidents sous le nom de paludisme: les fièvres sont le fléau des contrées équatoriales par leurs attaques tenaces et leurs effets meurtriers, elles ravagent complètement certaines contrées.

Vents. — Les vents ne sont pas malsains par eux-mêmes, Ils sont insalubres quand ils ont passé sur un sol paludéen, c'est ce qui explique pourquoi les vents de mer sont généralement plus salubres que les vents de terre. Le jour (1), *la fraîcheur de la brise* n'est pas à craindre; mais la nuit, le soir et le matin, il faut se garantir soigneusement de l'impression de l'air et des variations de température. Les nègres, les indigènes eux-mêmes résistent mal aux intempéries de la saison sèche, faute de vêtements appropriés (Sénégal).

Les préceptes d'hygiène sont donc *généraux* et *particuliers*. Les premiers ont pour but de mettre l'Européen à même de s'adapter aux exigences du climat tropical, les seconds doivent le prémunir contre certaines maladies spéciales aux localités.

Arrivée de l'Européen aux Colonies. — L'Européen doit régler son départ de façon à arriver un mois après l'hivernage, au début de la saison sèche et salubre. Pendant les quatre ou cinq mois qui lui resteront, il n'aura pas à se préoccuper du climat, et pourra procéder à loisir à son installation. L'Etat devrait aussi observer cette recommandation importante à l'égard des fonctionnaires, les maladies des pays chauds éclatant surtout à la fin et pendant la saison des pluies.

(1) Vent de mer.

CHAPITRE II

L'HABITATION

§ I. — CHOIX DE L'EMPLACEMENT

Le premier soin du colon doit être le choix de l'emplacement de sa demeure. 1° L'endroit doit être salubre, on ne saurait vivre dans un lieu malsain ; 2° il faut autant que possible conserver des relations faciles avec les centres de population, les ports, la métropole.

Au point de vue de la salubrité, l'émigrant doit préférer les hauteurs, c'est-à-dire des endroits élevés de 400 à 500^{m} et plus au-dessus du niveau de la mer ; c'est là qu'il devrait établir sa demeure. — Si le sol *n'est pas paludéen,* le colon s'y trouvera préservé des maladies épidémiques et endémiques des pays chauds. En général, la constitution géologique, la pente du terrain, se prêtent à un écoulement facile des eaux, et l'assainissement du sol peut se faire d'une façon aisée et rapide. — L'Européen sera sûr de s'y acclimater parfaitement et sans peine, car il y rencontrera une *température moins élevée,* un *air plus sec et mieux renouvelé,* des *nuits fraîches et réparatrices,* une eau plus pure, moins chargée de débris organiques ; en un mot, un climat se rapprochant de celui de l'Europe, mais moins rigoureux.

On pourrait presque affirmer que la salubrité de la station sera proportionnelle à son altitude ; aussi a-t-on choisi les hauteurs pour y établir des sanatoria où les malades affaiblis par le climat vont retrouver santé et vigueur. Plus on se rapproche de l'équateur, plus l'altitude devient bienfaisante pour lutter contre le climat.

Souvent il est impossible de stationner sur les hauteurs, c'est ce qui arrive pour les fonctionnaires obligés de résider près des villes, pour les commerçants (etc.) allant dans nos anciennes colonies. Là, les centres de population sont toujours situés sur les régions basses de la côte ; l'émigrant devra s'informer des quartiers sains et malsains des villes, habiter les premiers dans des maisons exposées au nord et au midi, bien aérées, bien ventilées et non humides.

— Il arrive quelque fois qu'autour des centres habités, ou bien autour d'une baie (où le colon veut s'établir) il existe des accidents de terrains, des collines, des mornes peu élevés. Ces hauteurs faibles doivent être préférées aux terrains inférieurs plats et humides. On y retrouve une partie des avantages des hauteurs véritables, un sol moins paludéen, et souvent un abri contre les fièvres telluriques. Mais une faible altitude ne protège pas toujours contre les miasmes paludéens ; une colline contre laquelle viennent se briser des vents chargés d'émanations dégagées des plaines marécageuses sera moins salubre que les régions en contre-bas qu'elle abrite contre ces vents. Par suite, le colon devra auparavant s'informer et consulter les habitants, pour connaître les endroits salubres ou insalubres. Il contrôlera de son mieux les précieuses indications que lui fourniront les indigènes, il essaiera de se rendre compte des causes de la salubrité ou de l'insalubrité de la région. En tout cas, il devra toujours préférer sa santé à la facilité des communications avec le littoral.

Règle générale. — Jamais le colon ne devra demeurer sous le vent de marécages en activité ou d'eau dormante, stagnant soit sur les hauteurs, soit en plaine ; ces vents empoisonnés sont toujours excessivement malsains et apportent les fièvres.

Dangers des Plaines alluvionnaires. — Le colon doit éviter de s'établir sur un terrain d'alluvions situé au bord des fleuves, des cours d'eau ou de la mer. Il fuira également le voisinage des eaux stagnantes imprégnées de débris organiques en fermentation. Le sol *alluvionnaire* souvent inondé soit par la mer, soit par le fleuve, soit par les pluies, est toujours imbibé d'une humidité qui le rend paludéen. De ces plaines basses et humides se dégagent, de la vapeur d'eau, d'épais brouillards, qui engendrent les accidents du paludisme. — L'eau de boisson qu'on trouve dans les puits est impure ; des milliers d'infusoires y pullulent d'ordinaire. Elle contient souvent des œufs de vers parasites (ascarides, oxyures, filaire, dragonneau, bilharzia hœmatobia) qui causent les maladies telles que l'éléphantiasis, l'hématurie intertropicale, etc. C'est en les buvant qu'on contracte le germe de la dysenterie, fièvre jaune, choléra. — Enfin, au point de vue atmosphérique, c'est en plaine que l'homme est le plus défavorablement placé pour résister au climat. La température s'y maintient toujours élevée ; l'air humide, tranquille est fortement chargé d'électricité, conditions très défavorables à l'acclimatement.

Constitution du sol.— Les sols facilement perméables sont de bons terrains à bâtir quand l'eau n'y séjourne pas. Tels sont les sols sablonneux, graveleux, pourvu qu'au-dessous ne se trouve pas une couche d'argile s'opposant à l'écoulement de la nappe d'eau souterraine. Les sols rocheux sont salubres quand ils sont secs, pour cela le lit de la roche doit être incliné ; ainsi les terrains formés de gneiss, de granit, de roches éruptives à stratification inclinée seront sains et fourniront de plus une eau non chargée de germes infectieux. Si la roche est stratifiée horizontalement, l'eau ne pourra s'infiltrer, elle restera stagnante, soit sur le sol, soit à une petite distance, et le terrain pourra être insalubre. Le sol *caseux ou argileux* pénétré d'humidité et imprégné d'ordinaire de débris organiques est paludéen, on évitera ses émanations.

Insalubrité des anciennes Colonies. — L'insalubrité de la plupart de nos anciennes colonies tient au choix défectueux de l'emplacement. En s'établissant, les colons n'eurent souci que de la facilité des communications; ils se fixèrent sur des sols d'alluvions insalubres, près de l'embouchure des fleuves, ou sur les bords de la mer. De là l'existence précaire de ces colonies et les sacrifices qu'elles ont coûté et coûtent encore en hommes et en argent.

§ II. — AMÉLIORATION DU TERRAIN

L'emplacement de la station une fois fixé, on peut assainir le terrain, faire disparaître ou rendre inoffensives bien des causes d'insalubrité.

Déboisement — Tout autour de l'habitation ou du campement, on débarrassera le sol de la végétation épaisse qui *attire* et *retient* l'humidité, empêche l'accès de l'air et de la lumière, de telle façon que les épaisses forêts tropicales sont excessivement malsaines, même sur les hauteurs. La brousse surtout est malsaine, à cause de son lacis de feuilles que les rayons du soleil ne peuvent percer. Avant de défricher, on coupera toutes les branches de la région à déboiser, on les étendra sur le sol et on y mettra le feu.

On brûle ainsi l'humus, les milliers de bactéries et d'infusoires qui y pullulent, ce qui rend le défrichement plus facile et moins dangereux.

On aura soin de conserver un rideau d'arbres du côté des vents insalubres provenant de régions marécageuses, s'il s'en trouve dans le voisinage. Ce rideau protège en effet des émanations et les arrête; il sera établi perpendiculairement à la direction des vents dominants et complété au besoin, de façon à présenter du côté du campement des arbres à feuillage élevé, du côté du marais des plantes moins hautes, le tout en quinconce et bien étagé.

Sur les hauteurs, on peut déboiser totalement et cultiver les versants à pente douce; il importe au contraire de respecter les arêtes vives, les endroits escarpés couverts d'une faible couche de terre végétale. On ne doit pas déboiser totalement les montagnes que l'on veut habiter. Tout autour de l'habitation on peut ménager un large espace bien aéré, bien ventilé et sans arbres, et pour assainir la forêt voisine, on procédera à des coupes par éclaircies, afin de faire pénétrer sur le sol l'air et la lumière. Le déboisement total des hauteurs provoquerait la formation de torrents, de dépots alluvionnaires dans les plaines, d'inondations, car *l'arbre dans la montagne régularise le cours des eaux.* — En plaine, sur les terrains en pente douce, on peut déboiser en ayant seulement égard aux marais, puis cultiver le sol.

Desséchement. — Le desséchement et la culture du sol font disparaître les fièvres des endroits marécageux ou paludéens. Il ne s'agit pas ici du desséchement des immenses marécages voisins des grands fleuves, des grands marais permanents, mais d'un sol plat et insalubre *par excés d'humidité*, qu'une canalisation bien entretenue suffirait pour assainir. Les fossés, les rigoles par où l'eau s'écoule naturellement doivent alors être nettoyés, élargis au besoin et régularisés ; on devra toujours respecter ces issues faciles pour les eaux pluviales. A ces canaux on ajoutera un système de fossés d'assèchement, *coupant le sol plat suivant la ligne de plus grande pente*, et débouchant sous un angle aigu dans des collecteurs de section suffisante pour écouler les pluies d'orage. Ces fossés bien entretenus ont donné d'excellents résultats. — Si le sol est couvert d'eaux stagnantes, il faut essayer de se rendre compte des causes de l'arrêt ; souvent une simple saignée suffit pour dériver l'eau vers un endroit de plus facile écoulement. — Le remblai des bas fonds marécageux produit le même effet que le desséchement.

Le drainage a pour effet d'abaisser la nappe d'eau superficielle au niveau du fond des tranchées de drainage, et de maintenir le sol sec, aéré, consistant et salubre. Par conséquent sur un terrain humide, peu incliné, ou même sur les hauteurs, on drainera l'emplacement de l'habitation et l'espace qui l'entoure. A la limite de cet espace déboisé et découvert, on placera un drain de ceinture, ou bien si l'on se trouve sur un coteau, on établira un fossé profond qui empêchera le sol d'être envahi par les pluies abondantes. Un bourrelet du côté le plus élevé du terrain détourne également bien les eaux pluviales. Rappelons qu'on peut drainer à l'aide de tuyaux ordinaires (drains), de drains à pierres perdus ou même de simples fossés(1). Les drains auront une pente bien régulière de façon que l'écoulement des eaux y soit parfaitement assuré.

Culture. — Plantations. — La culture, les plantations terminent l'assainissement et assurent en outre la mise en valeur d'un terrain. L'habitation sera donc entourée d'un espace libre ou d'un enclos qu'on convertira en jardin; on y cultivera d'une façon intensive des arbustes peu élevés (cotonniers, caféiers, cow-pea, ditiques, etc.), de façon à permettre l'accès facile de l'air et de la lumière. On peut encore semer des graminées comme l'herbe de Para, qu'on peut brûler sur pied ou faucher méthodiquement sans défrichements continuels. Le sol producteur de végétation, aéré grâce aux drains, sera nécessairement salubre.

Les grands arbres qui donnent de l'ombre sont utiles en pays secs comme l'Algérie, la Tunisie; mais dans les régions pluvieuses, il faut en planter sobrement et laisser circuler l'air entre les tiges. D'ailleurs ces arbres introduisent leurs racines dans les drains, et en pays insalubre, mieux vaut drainer et éloigner les arbres de l'habitation.

Il existe certains arbres qu'on doit employer concurremment avec les fossés d'asséchement, pour assainir un sol paludéen par excès d'humidité ou des marécages en pays plat. Outre que les arbres sont des drains verticaux qui soutirent l'humidité de la terre par leurs racines, certaines essences modifient la constitution chimique du

(1) Voir traités pratiques de drainage.

sol et font disparaître le paludisme. L'eucalyptus globulus, l'*arbre de la colonisation*, a assaini l'Algérie; il faut le choisir quand on le rencontre dans la flore du pays, mais il ne franchit guère les tropiques. La variété d'eucalyptus dit eucalyptus de la Sonde, s'accommode bien d'une forte chaleur et d'une grande humidité. En Océanie, c'est le maouli qui assainit le sol paludéen. — Au Sénégal, le filaos vient rapidement et fait disparaître les fièvres. — Le grand soleil ou tournesol réussit partout, il a assaini Rochefort, l'observatoire de Washington et plusieurs points de la Hollande. — En Corse, le mûrier a fort bien réussi ; en Indo-Chine, la culture du mûrier serait susceptible de donner de bons résultats, tout en servant à l'élevage des vers à soie. — Le cyprès chauve et la châtaigne d'eau conviennent aux terrains bourbeux. — Dans l'oasis le dattier, aux Antilles et à la Guyane le bois piquant, ont des propriétés antifébriles remarquables.

Enfin s'il n'existe pas de rideau d'arbres entre le marais et un campement, on en établira un avec du plant pris dans les forêts.

§ III. — CONSTRUCTION DE LA MAISON

La maison doit être abriter de la pluie, du rayonnement nocturne, de la chaleur solaire. Elle doit être propre, bien aérée, bien ventilée et salubre.

Orientation. — Le problème de l'orientation est complexe en pays chaud. Afin de recevoir obliquement les rayons du soleil et éviter leur action, il vaut mieux placer les pignons à l'Est et à l'Ouest, les façades au Nord et au Sud. S'il n'y a qu'une façade, on peut encore l'exposer à l'Est de façon à avoir de l'ombre pendant la moitié chaude de la journée, l'après-midi. — La ventilation facile des appartements exige qu'en recherchant l'une de ces expositions, on place les façades dans une direction perpendiculaire ou tout au moins oblique à la direction des vents dominants, pourvu que ces derniers soient salubres. S'ils sont insalubres, on les recevra sur les pignons. — Les maisons d'une ville ne doivent jamais se masquer le vent et la lumière, on y arrivera en disposant un enclos autour de chaque maison et en plaçant ces maisons en échiquier. L'orientation de la maison ne doit pas être imposée par l'alignement des rues comme dans nos pays ; la rue s'alignera sur l'enclos au milieu duquel l'habitation sera orientée de la façon la plus convenable. — Pour l'orientation il faudra toujours consulter les indigènes, l'expérience a montré en effet que leur instinct leur suggère naturellement le meilleur mode de disposition des ouvertures pour se préserver des intempéries ou autres causes d'insalubrité. On aura égard à leurs renseignements et on les contrôlera.

Aperçu général de l'ensemble. — La maison n'aura qu'un étage. Cet étage unique sera placé au-dessus d'un rez-de-chaussée et surélevé de 1m50 à 2m au-dessus du sol pour se soustraire à ses émanations, surtout en pays d'alluvions. Au-dessus de l'étage sera un grenier bien ventilé, formant chambre à air, chose indispensable pour éviter les ardeurs du soleil, la fraîcheur des nuits et maintenir une température constante.

Devant et derrière, ou bien tout autour de la maison, on placera des galeries couvertes pour préserver les appartements de la pluie et du soleil.

Ceux-ci comprendront au moins une chambre à coucher, une salle à manger, une salle de bain, une cuisine, une buanderie et des cabinets d'aisance.

Les murs devront être mauvais conducteurs de la chaleur, solides pour résister aux ouragans des tropiques, et imperméables à l'humidité.

Fondations. — Rez-de-Chaussée. — Sur le sol drainé à 2m de profondeur, protégé par un fossé ou un bourrelet de ceinture, on établira les fondations en pierre dure (granit, gneiss, porphyre, calcaire dur) ou en brique vitrifiée. Dans un pays d'alluvions surtout, on doit encastrer entre les fondations, un lit de béton imperméable de 0m30 à 0m40 d'épaisseur. Les murs du rez-de-chaussée seront construits avec les mêmes matériaux que les fondations et peuvent être pleins. Au lieu d'un rez-de-chaussée, on peut surélever l'habitation sur des piliers en maçonnerie permettant l'aération du sol. Le parquet reposera sur un hourdis de briques soutenu par des traverses en fer. Ces matériaux non hygrométriques mettront ainsi les appartements à l'abri de l'humidité. Dans les pays à tremblements de terre, le bois employé pour les fondations donne plus d'élasticité au reste de l'édifice, mais il est exposé aux attaques des insectes et à la fermentation.

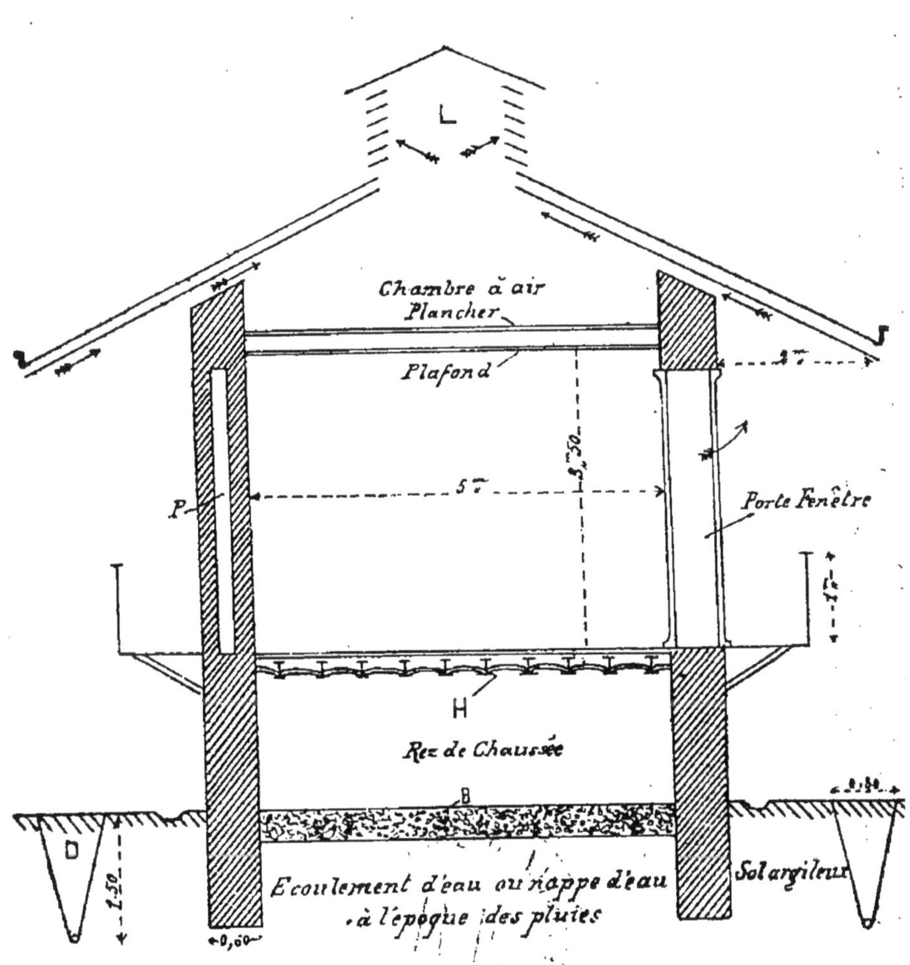

DISPOSITION DE L'HABITATION

L Lanterneau.
P Paroi d'air.
D Drain.
H Hourdis de briques.
B Lit de béton.

Disposition de l'étage. — Les murs, planchers et plafonds de l'étage seront creux et à double paroi, c'est le meilleur moyen de les rendre mauvais conducteurs de la chaleur et d'en faire des isolants contre les rayons du soleil.

On aura des murs solides, légers, en employant la brique creuse vitrifiée. On donnera à chaque paroi une largeur égale à la longueur d'une brique, en la séparant de la paroi voisine par un intervalle libre de 0^m15, le tout relié par des tirants en fer. — Intérieurement, les murs seraient recouverts d'un enduit poli *(plâtre stuqué ou peint)* permettant de les nettoyer au chiffon humide. Les poussières ne sauraient y adhérer, les insectes n'y trouveront aucun refuge. Extérieurement même disposition, et employer en peinture des tons clairs, vert, gris, jaune, bleu : éviter le blanc qui fatigue la vue, le noir qui rayonne trop, ainsi que les peintures vénéneuses.

Plafonds. — Les plafonds seront en plâtre retenu par des lattes clouées aux poutrelles. C'est un moyen pratique pour empêcher les insectes de s'y réfugier. Au-dessus du plafond, le plancher du grenier réalisera une double paroi.

Parquets. — Un bon parquet est imperméable, n'absorbe rien et se nettoie facilement. Les parquets carrelés en briques plates vernissées et bien cimentées sont frais et imperméables ; le lavage en est facile, on s'en trouve bien dans le midi de la France. Ils sont hygiéniques, car ils ne retiennent aucun germe nuisible. — A défaut de briques, on peut encore employer le bois dur, à joints bien étanches calfatés et mastiqués.

Dans les pays à saison froide, le bois est même préférable, on peut le recouvrir d'une toile cirée (linoleum).

Toiture. — La toiture sera inclinée pour permettre l'écoulement facile des averses. Elle débordera de 2^m à 2^m50 autour des murs pour protéger la galerie, de façon à former vérendah. Afin que le grenier soit bien ventilé, on fera sagement de disposer un petit toit lanterne à la partie supérieure en laissant un libre accès à l'air par dessous le toit. — Les meilleurs matériaux de construction sont les briques plates posées sur grillage en charpente ; sous les poutres on clouera une deuxième paroi en planches. — La tôle, le zinc ondulé ne peuvent servir que disposés en double paroi avec circulation d'air entre les deux feuillets. Le bois serait fort bon, mais les alternatives de soleil brûlant et de forte humidité le font éclater dans le sens des fibres, pourrir rapidement, de sorte qu'on réalise difficilement une paroi bien étanche.

Aération, Ventilation, Eclairage des Appartements.— La salubrité d'un appartement est d'autant plus grande, que l'air respiré y est plus pur. En pays chaud et humide, la ventilation facile est en outre une condition nécessaire de fraîcheur et d'évaporation de la sueur. Dans les pièces principales, le colon devra trouver un cube d'air largement suffisant : la chambre à coucher et la salle à manger auront par exemple de 3^{m}50 à 4^{m} de hauteur, de 5 à 6^{m} en longueur et largeur. Des fenêtres ou mieux de grandes portes fenêtres larges de 1^{m}50 occupant toute la hauteur de l'étage feront communiquer ces pièces avec l'air extérieur et les ventileront aisément. Ces fenêtres vitrées pourront se fermer hermétiquement, surtout la nuit en pays insalubre, afin de préserver des miasmes et des intempéries. Elles seront munies de larges persiennes à l'anglaise, qui permettent un renouvellement constant de l'air, sans exposer à son choc direct. En pays chaud, il faut soigneusement éviter dans les maisons le courant d'air; pour cela on aura toujours soin de ne ventiler qu'en ouvrant les fenêtres du même côté, et non sur deux côtés opposés.

En pays chaud, l'air est quelquefois si calme qu'il reste immobile dans les appartements; cette stagnation est très dangereuse et expose aux coups de chaleur. Pour agiter l'air, les Anglais ont recours à d'immenses évantails suspendus au plafond (pankahs) qu'un indigène agite constamment. C'est un excellent moyen pour rafraîchir les appartements, il faut en faire usage, surtout pendant la saison chaude.

L'usage des cloisons ajourées en haut pour séparer toutes les parties de la maison, permet aussi une circulation d'air plus facile dans les différentes pièces. La même recommandation s'applique aux cheminées qui, sans être allumées, produisent cependant un appel d'air insensible, et ventilent d'une façon lente, mais continue.

Enfin par les larges fenêtres les pièces seront bien éclairées, c'est encore là une condition essentielle de salubrité. L'air et la lumière sont les agents d'assainissement les plus actifs et les plus économiques.

Ameublement. — Les papiers de tapisserie, les rideaux d'étoffe, les tapis retiennent l'humidité, la vermine et les germes ; ils sont donc nuisibles et mieux vaut peindre les murs. Le mobilier de la chambre à coucher doit être simple. Il comprendra un lit en fer protégé par une excellente moustiquaire ; les pieds reposeront dans de petits godets remplis d'eau vinaigrée, pour le préserver des fourmis et autres insectes. Le lit sera dur, à fond élastique supportant un matelas en crin, la laine ou la plume conservant trop la chaleur du corps. Des fauteuils, des chaises longues en rotin, une table de nuit, compléteront l'ameublement. Le jour on relèvera la moustiquaire pour aérer. On placera le lit du côté le plus frais de l'appartement, mais de façon à ne jamais recevoir directement l'impression de l'air froid pendant le sommeil. D'ailleurs, il est imprudent de dormir les fenêtres ouvertes, on ne peut le faire qu'en pays salubre et quand la température de la nuit est à peu près la même que celle du jour. Dans tout autre cas, les fenêtres doivent être fermées ; jamais il ne faut dormir en plein air, ni faire la sieste sur la terrasse, ou sous la vérendah.

Evacuation des immondices, matières usées. — Toute matière pouvant être une cause de putréfaction doit être évacuée immédiatement, car elle vicie l'air et l'empoisonne ; c'est là le principe même de la salubrité de la maison, propreté et nettoyage. Les pièces où les matières usées se produisent doivent être aménagées et disposées d'une façon toute particulière, ce sont les cabinets de toilette, d'aisance, la buanderie et la cuisine.

Autant que possible, le cabinet de toilette et la cuisine seront séparés de la salle à manger et de la chambre à coucher par un espace libre. La cuisine peut d'ailleurs se faire en pays chaud dans un endroit simplement couvert par une toiture et communiquant avec la salle à manger. Pour évacuer les eaux de cuisine et de toilette on emploiera l'évier en grès muni d'un siphon obturateur ventilé.

Les tuyaux de décharge auront un tracé simple en élévation pour éviter la stagnation des eaux, ils iront aboutir dans des collecteurs étanches qui les emmènera loin de l'habitation. — Le cabinet de toilette servira aussi de salle de bains. Large, spacieux, il sera muni d'une baignoire, d'une cuvette toilette avec siphon obturateur et effet d'eau si c'est possible.

La buanderie et les lieux d'aisance devront être au fond du jardin. L'eau de lavage ne devra jamais séjourner sur le sol qui sera cimenté et une conduite étanche la mènera dans les collecteurs d'évacuation.

Remarque. — On devra toujours consulter les habitants pour les particularités de la construction da la demeure. L'expérience leur suggère des précautions contre les intempéries, la stagnation de la pluie sur les toits, les vents (etc.) On pourra ainsi tirer parti de mille détails imprévus qu'on n'aurait soupçonnés qu'au bout d'un temps très long.

CHAPITRE III

HYGIÈNE URBAINE

L'hygiène des villes aussi bien que de l'habitation privée se résume en deux préceptes. On doit se préoccuper avant tout : 1° de se procurer de bonne eau ; 2° d'éloigner les immondices. Ce sont là les conditions fondamentales de la salubrité.

§ Ier. — L'EAU

L'eau est utilisée comme boisson et pour le nettoyage.

Eaux potables. — Manière de se les procurer. — L'eau de source seule est pure, c'es-à-dire exempte de germes infectieux et immédiatement utilisable comme boisson : c'est donc celle-là qu'il faut rechercher. Pour l'amener dans les villes, on devra capter les sources au moment où elles sortent du sol ; à cet effet, il suffit d'établir tout autour de la source un bassin maçonné et couvert d'où part la conduite d'amenée. On conduira l'eau dans des canaux bien étanches en tôle, poterie, plomb, et sous pression autant que possible.

Au même titre que les eaux de source, on peut utiliser l'eau des puits creusés dans un sol salubre, c'est-à-dire graveleux, sablonneux, ou composé de roches dures à stratification inclinée. Pour être toujours sûr de leur pureté, il faut maçonner le puits jusqu'à 5 ou 6 mètres au moins de la surface du sol et l'éloigner des fosses à 20 mètres.

A défaut de ces eaux, il faut employer de préférence les eaux de rivières, fleuves, etc. On capte un ruisseau en le barrant et en le détournant vers un réservoir maçonné d'où part la conduite. L'eau des rivières s'obtient par un canal de dérivation partant d'un endroit situé en amont, aussi loin que possible du terrain alluvionnaire.

Eaux non potables. — Manière de les purifier. — En pays chaud surtout, l'eau des rivières, l'eau de pluie recueillie sur les toits, l'eau des puits creusés dans un sol vaseux ou argileux est suspecte et souvent contaminée. Avant de la boire il faut la purifier ; pour purifier l'eau impure on peut : 1° la bouillir ; 2° la filtrer.

L'ébullition stérilise l'eau et tue les germes infectieux. C'est un moyen sûr, commode, (car le bois se trouve partout) que le colon soucieux de sa santé doit toujours employer. On aère l'eau bouillie en la battant une fois refroidie.

Pour filtrer l'eau, le filtre Chamberland en porcelaine poreuse donne une sécurité absolue. Il dispense, même en temps d'épidémie, de faire bouillir l'eau. Une habitation devrait toujours être munie de ce petit appareil peu coûteux et d'un nettoyage facile. — En voyage, le filtre Maignen au carbo calcis, peut rendre les plus grands services. Les soldats anglais en possèdent toujours un, et on ne saurait trop le recommander surtout quand l'eau contient trop de sels minéraux.

En résumé, on devra toujours en pays chaud ne faire usage que d'eau bouillie ou filtrée. Les Chinois ne boivent l'eau qu'en infusion, de là la rareté chez eux de la dysenterie.

Eaux bonnes pour nettoyer. — Les eaux des mares, des étangs, des marais, les eaux des puits creusés dans un sol alluvionnaire sont impropres et dangereuses pour le nettoyage du corps, du linge, des parquets et pour l'arrosage. Il faut auparavant les faire bouillir, autrement elles peuvent occasionner des fièvres et une foule d'accidents.

L'eau de pluie recueillie sur les toits est excellente pour le nettoyage et l'arrosage. On la conserve dans des citernes maçonnées ou des caisses en tôle où elle s'épure. Elle y acquière souvent une odeur nauséabonde, à cause des infusoires et des germes qui s'y putréfient. Malgré cela on peut l'utiliser sans danger.

§ II. — VOIERIE ET VIDANGE

Installation et nettoyage de la voie publique. — La rue est l'unité hygiénique d'une agglomération. En pays chaud, l'installation doit être telle que le nettoyage soit aisé et rapide.

Pour cela, on lui donnera une pente d'au moins 5 m/m par mètre, une forme bombée au milieu, la flèche de courbure étant égale au 1/20 de la largeur. Sur les côtés, on établira deux trottoirs et deux ruisseaux étanches. Le sol de la chaussée sera affermi par un revêtement de macadam de pierres cassées, ou de pavés (0m10/0m15) qui se nettoyent plus facilement, ou mieux d'un pavage en bois posé sur un lit de béton, chose assez facile à réaliser dans un pays où le bois ne coûte rien. La largeur des rues doit varier en pays chaud de 8 à 12 mètres, des plantations d'arbres y donneront de l'ombre et la fraîcheur ; mais pour que la rue soit aérée, il faudra planter des arbres à féuillage élevé. Les meilleurs sont les palmiers ; comme ils croissent lentement, on plantera en même temps dans les intervalles des arbres à croissance rapide, et plus tard, on aura une rue idéale ombragée par les parasols des hautes tiges des palmiers.

Si dans la contrée règnent des vents malfaisants (Siroco, harmattan), la rue sera oblique à leur direction ; rappelons que son alignement ne doit pas commander l'alignement des maisons.

La rue sera salubre si elle est bien nettoyée. Chaque matin après le lever du soleil, on arrosera la rue s'il est besoin et on la balayera pour enlever les poussières. Pendant la sécheresse, les arrosages maintiendront les poussières et augmenteront la salubrité. Le soin du nettoyage sera confié à une équipe d'indigènes instruits et surveillés par un homme intelligent qui sera chargé de la police sanitaire de l'agglomération. Ce commissaire veillera à la propreté, au nettoyage, à l'enlèvement des immondices, à la désinfection, l'ensevelissement (etc.). Il aura sous ses ordres un ou plusieurs noirs dressés à l'exécution des mesures d'assainissement. Dans une ville, il ne faut pas s'en rapporter à l'initiative individuelle.

Enlèvement des immondices. — A. *Ordures ménagères.* — On les placera dans des boîtes closes, et chaque matin, leur contenu sera emporté et dispersé sur le sol au moins à 300 mètres de toute habitation et sous le vent des maisons. L'eau qui sortira de ces terrains de dépôt devra trouver un écoulement facile vers un cours d'eau ou un champ d'irrigation. Il est utile d'entourer ces endroits d'un rideau d'arbres.

B. *Eaux d'Égoûts.* — Ce sont les eaux pluviales et ménagères. Ces dernières doivent être évacuées de suite, elles sont dangereuses par suite de la rapidité avec laquelle elles se putréfient. Les tuyaux de chûte des éviers, munis d'un siphon obturateur ventilé, déboucheront dans une conduite fermée (en pierre ou brique cimentée, poterie, tôle)

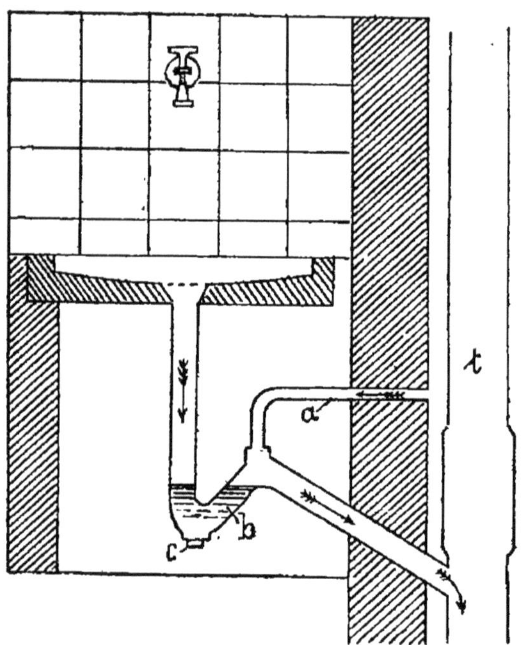

Evier salubre avec siphon obturateur ventilé

t Tuyau de chûte.
a Prise d'air.
b Poche d'eau obturatrice.
c Orifice pour nettoyer le siphon.

et bien étanche. Cette conduite (égoût) emmenera les eaux vannes loin de la ville ou de l'habitation pour les déverser, soit dans un cours d'eau ou dans la mer, soit sur le sol pour l'irriguer.

Le premier moyen est praticable près d'un fleuve, d'une rivière à cours rapide, ou près de la mer. Il faut noyer les eaux vannes là où le courant est rapide et non au fond d'une baie en eau tranquillle, cette dernière ne tarderait pas à émettre des gaz putrides et dangereux.

Dans tout autre cas, les eaux d'égoût sont purifiées par le sol. On les répand sur des champs pour irriguer ; l'eau filtre à travers la terre qui brûle les matières organiques et cela sans danger pour l'état sanitaire des régions arrosées par l'eau d'égoût. On procède de la façon suivante :

Le champ d'épuration est nivelé en pente douce et drainé

à 1m50 ou 2m de profondeur. On le divise en billons, séparés par des rigoles dirigées suivant la pente du terrain. Dans ces rigoles on introduit l'eau d'égoût à raison de 10 à 15 litres d'eau par jour et par mètre carré, soit 40000 à 50000 mètres cubes d'eau par an et par hectare.

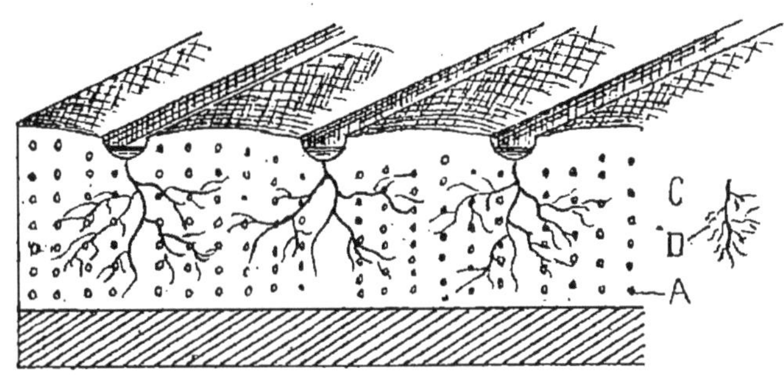

Schéma explicatif du mode d'épuration des eaux d'égoût par le sol, d'après M. Emile TRELAT.

C Couche perméable.
D Dispersion de l'eau d'égoût.
E Air traversant le sol.

A cet effet, l'eau est d'abord déversée dans un canal (canal d'amenée) qui suit l'horizontale supérieure du terrain avec une faible pente, et perpendiculairement aux rigoles. De ce fossé, l'eau peut passer dans un deuxième fossé placé de la même façon, dont l'un des bords est surélevé; et de là l'eau s'écoule dans les rigoles.

Si le sol est plat et horizontal, on peut l'entourer sur les trois côtés d'un rebord saillant et on l'inonde pendant quelques instants. Si le terrain est trop étendu, on le divise par des bourrelets de terre en planches qu'on irrigue successivement.

Le sol doit être perméable, sablonneux de préférence, calcaire ou argilo sablonneux ; il peut être cultivé ou non, planté ou non, mais il acquiert une grande fertilité et donne les plus splendides récoltes.

c. *Matières excrémentitielles.* — Les cabinets où l'on déverse l'urine et les matières fécales seront disposés au fond du jardin, afin de soustraire les chambres à leurs émanations. On les maintiendra *propres, secs* et bien aérés. Le toit lanterne sera favorable pour la ventilation de cet espace clos.

Les fosses fixes creusées dans le sol près de l'habitation doivent être rejetées. Alors même qu'elles sont maçonnées et cimentées, on n'est jamais sûr qu'elles soient étanches : par les fissures, peuvent se produire des infiltrations qui souillent le sol et l'eau des puits en propageant des maladies contagieuses. — La fermentation dégage des gaz putrides constituant un danger réel en pays chaud. — Enfin la vidange en est dangereuse. Restent les tinettes et le tout à l'égoût.

Les tinettes bien installées, et étanches cela va sans dire, n'ont pas les inconvénients des fosses ; les matières vidées souvent n'ont pas le temps de fermenter. Dans les cabinets on disposera donc des vases de 100 à 200 litres de capacité, proportionnant leur nombre à celui des habitants. Les cabinets seront munis d'un siège en bois ciré avec un simple trou fermé par un couvercle. L'emploi de cuvettes à obturateurs nécessite des lavages peu compatibles avec l'exiguité des récipients, lavages qu'on évitera ainsi sans incommodité. — Dans les cabinets doit régner la plus grande propreté. Dès que les tinettes seront pleines, on les fermera hermétiquement à l'aide d'un lut en argile et on les enlèvera. Près de la mer ou d'un fleuve, on jette le contenu des tinettes dans les mêmes conditions que les eaux d'égoût

Pour les localités de l'intérieur, ou quand l'on craint de souiller l'eau d'une ville voisine, on disperse le contenu des tinettes sur les champs, loin des cours d'eau, sous le vent de l'agglomération. Le sol aura bientôt purifié et oxydé ces matières, surtout s'il est drainé et cultivé.

On peut encore avoir recours au système des citernes à engrais. Loin de l'agglomération on établit de grandes fosses étanches, closes, où l'on jette les matières excrémentitielles; ensuite on extrait ces dernières à certaines époques pour les répandre sur les champs.

Pour diminuer les dangers de la vidange, on garnira les tonneaux avant leur mise en place, d'un mélange de sulfate de fer et de poussier de charbon de bois à raison de 1/2 kilogramme de sulfate par hectolitre. Si la fosse reste plusieurs jours sans être vidée, on la recouvrira chaque soir avec le désinfectant.

Le personnel chargé comme il a été dit du service de la voierie, exécutera également les opérations de la vidange.

Le système du tout à l'égoût, simple en principe, consiste à envoyer toutes les matières dans l'égoût. C'est le plus hygiénique, mais le plus difficile à réaliser pratiquement, car il nécessite : 1° Un système d'égoûts en pente, lisses et bien étanches; 2° Un minimum de 10 litres d'eau par jour et par habitant, pour diluer et chasser les matières dans l'égoût ; 3° La mer, un cours d'eau rapide, ou des champs d'irrigation assez vastes pour épurer les eaux d'égoût. Les tuyaux de chûte des cabinets seront alors munis de cuvettes en porcelaine avec siphon obturateur ventilé, et d'effets d'eau autant que possible.

§ III. — DES CIMETIÈRES

La loi du 15 novembre 1887 règle toutes les conditions de l'ensevelissement d'une façon conforme à l'hygiène.

On a reconnu récemment que les émanations du sol des cimetières bien installés ne sont pas dangereuses, les colons peuvent donc orienter ces endroits comme bon leur semble par rapport aux vents.

Le meilleur sol est un terrain sec, poreux, perméable à l'eau (sablonneux par exemple). On doit pouvoir y creuser des fosses de 2 mètres de profondeur en terre friable sans jamais rencontrer l'eau, même en petite quantité. L'eau stagnante retarde la décomposition des corps : si le terrain était humide ou argileux, on l'assainirait en le drainant à 3m50 ou 4 mètres de profondeur ; l'eau des drains serait détournée vers un cours d'eau ou un champ d'irrigation. — On ne creusera pas de puits à 100 mètres au moins du cimetière, la nappe d'eau pouvant être contaminée. Des plantations entretiendront la fraîcheur dans cette dernière demeure du colon.

La loi française prescrit un délai de cinq ans avant de lever les cadavres, l'hygiène réclame au moins dix ans. Les fosses seront donc espacées de 0m50 en tout sens, on comptera 3 mètres carrés par fosse sans les allées, et on donnera au cimetière une étendue égale à dix fois celle qui est nécessaire pour ensevelir les morts de l'année. Les corps seront placés dans des cercueils en planches solidement ajustées, étanches, garnis et remplis de matière absorbante (sciure de bois, charbon pulvérisé, argile sèche) imprégnée en temps d'épidémie de substances désinfectantes. Un agent de la police sanitaire veillera au transport et à l'inhumation qui aura lieu dans des fosses de 2 mètres de profondeur, 0m80 de largeur, remplies aussitôt de terre foulée.

§ IV. — HOPITAUX

Les hôpitaux doivent être construits d'une manière simple, économique et salubre.

Les principes de la salubrité sont les mêmes que pour les habitations en ce qui concerne l'emplacement, l'orientation, la ventilation, le choix et la disposition des matériaux. L'hygiène recommande d'établir des pavillons isolés, formés d'une salle spacieuse sans cloison ni corridor, de 20 lits au plus, cubant de 50 à 100 mètres cubes par malade, avec deux cabinets annexes pour la tisannerie et la surveillance.

On isolera soigneusement les contagieux des non contagieux (fiévreux, blessés etc.)

L'hôpital ou l'infirmerie aura un réfectoire ou une cuisine séparés, une salle de bains ou de douches, des cabinets salubres (c'est-à-dire propres, secs, bien ventilés), et des urinoirs distincts. Il faut aussi des lavabos nombreux, l'eau en abondance, une buanderie, une lingerie et une étuve à désinfection par la vapeur (système Geneste et Herscher).

Les mêmes préceptes s'appliquent au campement établi au début en pays neuf. Pour se garantir des intempéries, on construira des baraquements en bois surélevés au-dessus du sol, ou des tentes Tollet. On les chauffera au besoin et on ne dormira pas sur le sol, mais dans un hamac ou sur un lit formé de planches soutenues par des piquets, et jamais en plein air. L'impression de l'air sera évitée par l'emploi de flanelle et d'une ceinture de flanelle.

On établira des cabinets et des urinoirs distincts, bien lavés, dont l'eau ira se perdre au loin. On veillera à la propreté et au nettoyage du campement. On fera la cuisine et on mangera dans des salles séparées des endroits de repos. Enfin on observera une bonne hygiène en ce qui concerne les soins de la peau, l'alimentation, le genre de vie.

CHAPITRE IV

HYGIÈNE DE LA PEAU

L'acclimatement de l'Européen dépend en grande partie d'une bonne hygiène de la peau. Les sueurs abondantes, les refroidissements brusques, les insolations, sont les causes habituelles des maladies en pays chaud, causes produites par des modifications de la peau. Celle-ci agit, comme un *appareil d'excrétion comparable aux reins* et comme *régulateur de la température du corps par évaporation de la sueur.*

§ Ier. — LES VÊTEMENTS

Il est évident que si la saison froide est comparable à celle de l'Europe, les mêmes vêtements qu'en Europe peuvent convenir.

En pays tropical, les vêtements doivent : 1° Garantir de la chaleur solaire ; 2° Préserver des refroidissements ; 3° Permettre dans une juste mesure l'évaporation de la sueur, évaporation nécessaire pour la déperdition de calorique.

Les vêtements seront toujours amples, de jeu aisé, ne comprimant ni le cou, ni la poitrine, de façon à permettre la circulation de l'air, les mouvements faciles des membres et de la respiration. Un double vêtement de dessus et de dessous répond *généralement* mieux aux conditions multiples énoncées ci-dessus.

Le vêtement de dessous se composera d'une chemise et d'un caleçon en toile fine, ou en coton léger, ou en filet de coton à larges mailles et à manches. Ce vêtement (chemise, caleçon) flottant, destiné à absorber la sueur, est bon conducteur de la chaleur : il perd rapidement son eau par évaporation et se met constamment en équilibre de température avec la peau.

Le vêtement de dessus mauvais conducteur doit préserver des refroidissements et de la chaleur solaire. Il y a deux cas à distinguer. Dans les pays où les variations de température sont presque nulles, pendant les grandes chaleurs, au milieu de la journée, dans les maisons, la meilleure étoffe est la soie, à cause de sa légèreté, on se sert également de coton. S'il y a des variations de température assez grandes, on usera de préférence de flanelle légère, de laine et même de molleton. Le tout sera de couleur claire, sans col ni gilet. — Il faut éviter avec soin les refroidissements, et en général au lever et au coucher du soleil porter de la laine. En pays chaud le ventre est la partie sensible ; il est prudent au début, surtout le matin et le soir, de porter une ceinture de flanelle. C'est un moyen simple de maintenir constante la température de l'abdomen.

Les insolations sont mortelles et peuvent se contracter en sortant tête nue au soleil, même pendant un temps très court. On doit porter le casque colonial en moëlle de sureau à cuve haute, à bords larges, muni d'un couvre nuque blanc en coton flottant sur les épaules. Le chapeau en fibres d'aloës, à cuve haute, à bords larges, est aussi pratique. Ces coiffures ont d'ordinaire un espace libre entre la tête et le bord du chapeau pour permettre la circulation d'air. Pendant les grandes chaleurs une feuille fraîche de bananier appliquée sur le crâne procure un grand soulagement. On se servira chaque fois qu'il sera possible du parasol en coton blanc doublé de satinette bleue ou verte.

La chaussure préserve du refroidissement et des attaques de certains insectes (puce pénétrante, etc.) Des chaussettes en coton mince, des pantoufles en soie ou en coton conviennent dans la maison ; pour sortir on portera des souliers en coutil pendant la saison sèche, des brodequins en cuir ou des demi-bottes pendant la saison humide. Le cuir doit être imperméable à l'humidité. Pour le rendre tel on le lave, on l'essuie et on le met au soleil ; une fois à moitié sec on le frotte avec de la graisse (1), puis on expose de nouveau au soleil et on essuie l'excès de graisse.

Il ne suffit pas de porter des vêtements confortables, il faut en songer souvent. Si les habits ont été mouillés de pluie pendant une course, ou trempés de sueur, il faut absolument en changer dès qu'on s'arrête pour se reposer : autrement, un refroidissement brusque et un arrêt dans la transpiration en seraient la conséquence funeste. Il faut donc une garde robe bien garnie.

La nuit, le caleçon et le gilet de flanelle avec un simple

(1) Obtenue en fondant « Suif 120 parties, graisse de porc 60 parties, huile 30 parties, térébenthine 30 parties, cire 30 parties. »

drap permettent de dormir et d'éviter les refroidissements causés par une évaporation trop active.

§ II. — PROPRETÉ CORPORELLE

Chaque jour il faut laver la peau en entier, afin de la maintenir souple, nette, apte à fonctionner d'une façon satisfaisante. Chaque jour il faut la débarrasser des poussières et des produits d'excrétion solides ou graisseux de la sueur.

On ne saurait trop préconiser le lavage quotidien à l'eau froide; en pays chaud une salle de bain confortable est une condition de bien être et de prospérité.

L'eau froide rafraîchit la peau et par suite le corps entier, elle met en jeu les fibres musculaires lisses du tissu cutané et par suite le rend plus rustique, moins sensible aux impressions du dehors. C'est un avantage inappréciable dans un pays à température constamment élevée et presque invariable, où la chaleur continue enlève à la peau ses facultés de réaction. — Enfin l'eau froide provoque les sécrétions de l'apparetl digestif, relève l'appétit et les forces. Le bain froid est d'ailleurs un résolutif puissant des engorgements du foie.

L'usage de l'eau froide peut avoir lieu sous forme de bains ou de douches. Les bains froids dans l'eau de mer ou de rivière (jamais dans une eau marécageuse) seront courts, de cinq minutes environ. On les prendra après un exercice modéré, jamais après de grandes fatigues, le matin avant dix heures ou le soir avant six heures. Les personnes qui au début ne peuvent supporter l'impression de l'eau, s'y habitueront progressivement par des bains à l'eau dégourdie (deux ou trois fois par semaine) puis de plus en plus fraîche. Les douches peuvent remplacer le bain dans les mêmes conditions. — A défaut, il faut se laver en entier au moins une fois par jour à grande eau et au savon.

Les lavages ou bains peuvent avoir lieu alors même que le corps est en sueur, pourvu que ce ne soit pas après une grande fatigue.

L'usage des savons, des vinaigres de toilette prévient les éruptions. Pour éviter les piqrûes de moustiques, on préconise les frictions sur la peau avec le liniment suivant :

Axonge 30 grammes, huile de canelle ou de girofle 2 grammes.

En résumé, une extrême propreté, un grand soin de la peau, l'usage d'eau froide, sont un des moyens les plus efficaces et les plus économiques pour lutter contre le climat.

CHAPITRE V

ALIMENTATION

La nourriture doit être substantielle et fortifiante pour réparer les pertes de l'organisme et surtout la déperdition de forces causée par une abondante transpiration. Cette transpiration est une des principales causes d'anémie et d'affaiblissement.

La nourriture doit être tonique, de digestion facile et légèrement excitante, car en pays chaud les fonctions de l'appareil digestif sont languissantes et l'appétit moins développé que dans les régions froides.

On fera un usage modéré des mets dits échauffants, c'est-à-dire produisant beaucoup de chaleur et tendant à donner au sang une température élevée ; telles sont les viandes noires grillées ou rôties, les viandes de porc, les aliments gras (etc.) que l'on recherche en pays froid. Dans une contrée chaude, le corps doit produire moins de calorique ; les indigènes des différents pays se conforment naturellement à cette condition. Ils ne font généralement usage que de végétaux, d'aliments maigres, et l'*Européen devra beaucoup emprunter à leur régime.*

Tout en suivant ces règles générales, l'Européen doit consulter ses goûts et ne pas changer brusquement une nourriture à laquelle son estomac est habitué, à laquelle il doit sa constitution et sa santé. Il est donc difficile de tracer un régime absolu, il y a cependant d'utiles préceptes à observer.

En tout cas, les excès de table sont ce que l'Européen débarqué nouvellement doit éviter ; c'est à l'aide d'un régime régulier et sobre, en ménageant l'appétit, que l'estomac subira sans accident les modifications par lesquelles il doit passer.

§ Ier. — METS

L'usage quotidien du bouillon de viande dégraissé est une excellente mesure, le bouillon peu nutritif par lui-même est un tonique de premier ordre pour l'estomac et l'intestin par ses qualités peptogènes.

Les aliments substantiels et de digestion facile sont les viandes blanches (veau, volailles) plutôt bouillies que rôties, les poissons, les œufs, le lait, les pâtes alimentaires. Associés ou non à des légumes frais, ils formeront la base d'un repas substantiel pris au milieu de la journée. La viande de boucherie (bœuf, mouton) pourra alterner deux ou trois fois par semaine, le tout constituant une dizaine de repas par semaine.

Les autres repas, surtout ceux du soir, seront moins nourrissants, se composeront de soupes maigres aux herbes ou au lait, d'aliments préparés au lait, de fromage, de légumes verts ou secs (riz, bananes, épinards, salade, millet) en usage dans le pays.

On s'abstiendra donc autant que possible d'aliments gras (charcuterie, soupes à la graisse), de viandes de conserves (lards ou viandes salées, poissons salés), de biscuit, l'usage de vivres frais étant de règle.

La digestion est facilitée par les condiments (moutarde, poivre, piment, gingembre, etc.), dont on assaisonne les mets en pays chaud ; ou par les fruits acides (ananas, orange, goyave, citron). Ces substances excitantes doivent être absorbées à dose modérée, sinon elles irritent les parois du tube digestif.

Il est bon de faire trois repas, un le matin après le lever vers six heures, un repas à dix heures substantiel avant la sieste, un autre le soir vers six heures. Ils doivent avoir lieu d'une façon très régulière.

Le repas du matin se prendra avant de sortir ; en pays paludéen sortir à jeûn est très imprudent. L'aliment le plus tonique et le plus convenable, c'est l'infusion aqueuse de café ou de thé qui sont des stimulants et en même temps des fébrifuges. L'usage du thé ou du café après les repas aide beaucoup à supporter la chaleur, favorise la digestion et soutient l'organisme affaibli, on ne saurait trop le recommander.

§ II. — BOISSONS

Le vin coupé d'eau est la meilleure boisson ; l'eau pure et fraiche est aussi saine, mais l'Européen n'y est pas habitué et lui conseiller l'usage d'eau pure serait peine perdue.

Il faut boire aux repas pour faciliter la digestion et on peut boire assez abondamment. La boisson doit être fraîche, elle active alors la sécrétion du suc gastrique, on l'obtient suffisamment fraîche en la plaçant dans des alcarazas (carafes en terre poreuse) entourés d'un linge humide. Les eaux gazeuses sont à recommander. L'eau glacée amène le plus souvent des accidents diarrhéiques. On doit s'en abstenir, surtout quand le corps est en sueur, et par une forte chaleur. Si parfois on ingère de l'eau glacée, il faut la boire lentement, la réchauffer pour ainsi dire en la faisant frôler les parois de la bouche. Prise dans ces conditions, en petite quantité, elle est rafraîchissante, mais son usage habituel constitue un abus.

Entre les repas, un grand principe doit tout dominer. Il faut boire le moins possible, car l'ingestion abondante de liquide ne calme pas la soif; elle ne fait que provoquer une transpiration abondante qui a lieu immédiatement après l'absorption de la boisson. On apaise la soif, soit à l'aide d'un petit caillou ou d'un corps dur qui placé dans la bouche active la salivation, ou avec un peu de café ou de thé tied sans sucre, ou en se gargarisant avec de l'eau fraîche, ou en suçant le jus d'un fruit acide (orange, citron, goyave, etc.) — L'Européen peut arriver à se passer de boire entre les repas, ce qui s'obtient au bout de deux ou trois mois; il lui faut pour cela lutter au début contre la tentation de boire qui cesse bientôt de se faire sentir. L'usage des grogs, limonades, bière, est pernicieux. Ces liquides ne font qu'augmenter la soif loin de la calmer, ils fatiguent l'estomac en diluant les sucs digestifs et débilitent l'organisme en provoquant une trop grande transpiration,

On ne doit user que de la façon la plus réservée des spiritueux et d'alcool sous toutes ses formes, apéritifs, liqueurs fortes, rhum (etc.), qu'on se procure si facilement en pays chaud. Généralement, c'est l'excès auquel s'adonne facilement l'Européen, excès qui lui est toujours funeste. En pays chaud, l'alcool est le poison du sang dont il altère les globules, il agit à la fois sur le système nerveux, sur les sucs digestifs, sur le foie. La gravité des affections de ce dernier ograne serait proportionnelle à la quantité d'alcool ingérée. L'expérience montre d'ailleurs qu'il abrutit et détruit les peuplades indigènes elles mêmes (Caraïbes, Taïtiens, etc.), adonnées à l'ivrognerie. Il vaut donc mieux s'en abstenir tout à fait.

Le quinquina, le fer, les amers (infusion de houblon, quassia, gentiane) réveillent mieux l'appétit que les spiritueux qualifiés d'apéritifs.

La constipation est habituelle en pays chaud à cause d
la déperdition d'eau par la peau. En cas de pares
intestinale, les soupes aux herbes, le jus de pruneau
au besoin un laxatif léger comme le citrate de magnési
le sulfate de soude suffisent pour tenir le corps libre.

L'Européen doit ménager son appétit, éviter les repa
copieux, les aliments pris à satiété qui surcharge
l'estomac, observer en un mot la sobriété dans l'alimen
tation plutôt substantielle qu'abondante, s'abstenir d'alcoo
et une fois habitué à un régime ne rien changer dans se
habitudes.

CHAPITRE VI

OCCUPATIONS

§ Ier. — TRAVAIL

Tous les travaux exigeant une grande dépense de forces sont interdits à l'Européen qui habite un pays tropical. Il évitera donc les grandes fatigues musculaires ou intellectuelles, l'ardeur du soleil, les sueurs abondantes, causes d'anémie et d'affaiblissement.

A moins d'être à 800 ou 1000 mètres d'altitude, le colon ne peut songer sous les tropiques, à cultiver lui-même le sol et à devenir agriculteur. Il n'y a pas de place pour le paysan comme ouvrier agricole : 1° parce que sa constitution ne lui permettrait pas de se livrer aux travaux fatigants de la culture ; 2° parce que la main d'œuvre indigène est si peu élevée, que le travailleur qui voudrait se louer tomberait dans la misère. Le paysan des campagnes ne saurait donc avec ses bras conquérir la fortune, malgré la concession de terres fertiles et d'instruments aratoires.

Le rôle de l'ouvrier Européen sans capitaux, c'est de diriger les travailleurs en qualité de chef d'équipe, de chantier, de culture, de contre maître d'usine, de gérant ou directeur d'une exploitation, sans fournir de travail manuel. Améliorer les procédés de fabrication ou de culture, instruire et diriger les ouvriers à l'abri du soleil, tels sont les emplois qui conviennent au colon qui doit être naturellement d'une valeur supérieure à la moyenne. Tout au plus, peut-il exercer des professions d'art bien rénumérées et n'exigeant pas une grande dépense de forces.

Le capitaliste au contraire a de grandes chances de réussir et de faire fortune aux colonies. Il pourra exploiter le sol en le faisant cultiver par des travailleurs indigènes, gérer une usine, fonder de nouvelles industries, se livrer au commerce ; et ces opérations procurent des gains considérables. Grâce à ses capitaux, il pourra se donner le confort indispensable au maintien de sa santé, conserver sa vigueur en évitant les grandes fatigues et observer les règles d'une bonne hygiène. Son intelligence, ses qualités morales, sont encore pour lui le gage d'un bon établissement.

§ II. — MANIÈRE DE VIVRE

C'est la manière de mettre en pratique les règles de l'hygiène en vaquant aux occupations quotidiennes ; il est facile de l'indiquer d'après les considérations précédentes.

L'Européen se levant à six heures avec le soleil prendra un bain froid, une douche, ou se lavera entièrement le corps avec une éponge. L'appétit excité par ce bain réparateur, sera satisfait par le petit déjeuner fait avec du thé ou du café et un peu de pain.

Jusqu'au moment des fortes chaleurs, c'est-à-dire vers dix heures, le colon peut se livrer à ses occupatioes industrielles ou commerciales, écrire, veiller à ses plantations, usine (etc). Ces opérations terminées, on prendra le repas du matin, substantiel, en ménageant son appétit et en évitant l'usage d'alcool.

Depuis onze heures jusqu'à trois heures, le colon doit éviter le feu des rayons solaires, et se reposer à l'ombre dans sa maison, c'est l'heure de la sieste. S'il faut absolument sortir à ce moment, il prendra un parasol, évitera tout travail fatigant; car c'est après dîner, que l'insolation et le coup de chaleur qui amènent la congestion du cerveau et du poumon sont le plus à craindre. Au réveil, l'Européen prendra une ablution d'eau froide pour exciter les fonctions de la peau.

Depuis trois heures, le colon peut de nouveau vaquer à ses affaires jusqu'au moment de la fraîcheur du soir, c'est-à-dire six heures. A ce moment, on peut prendre le repas du soir, léger, mais cependant réparateur, additionné de thé ou de café.

Enfin si le pays n'est pas paludéen et insalubre, la promenade du soir préparera au repos de la nuit, et le coucher pourra avoir lieu à dix heures. On aura soin de ne pas dormir sur le sol, et de porter le gilet de flanelle.

Plusieurs recommandations dominent toutes les autres. Dans les maisons, se garder des courants d'air, changer de linge si le corps est mouillé, se prémunir avec soin contre les refroidissements et les insolations ; être sobre dans l'alimentation ; éviter les sueurs abondantes, les excès de travail intellectuel et user modérément des plaisirs, surtout des plaisirs des sens.

User et ne pas abuser, voilà une maxime qui résume l'hygiène coloniale, les personnes qui la mettent en pratique sont aussi celles qui s'adaptent le mieux au climat. L'exemple nous en est fourni par les religieuses hospitalières du Sénégal que leur sobriété, leur vie régulière à l'ombre, protège mieux que toutes les autres précautions.

§ III. — HYGIÈNE MORALE, DÉLASSEMENTS

L'action déprimante du climat au début, l'isolement, le manque de relations sociales, les difficultés qui surgissent en pays neuf et inconnu, ont souvent pour effet de plonger le nouveau venu dans une torpeur et un découragement complets. Si on ne lutte pas contre ce découragement, l'énergie morale diminue et l'ennui qui s'empare du colon lui ôte la faculté de réagir.

Pour rompre la monotonie, ou bien on se laisse aller à des excès de table, des repas copieux et prolongés comme le font souvent les créoles ; ou bien on se livre à des excès de boisson et d'alcool comme cela arrive souvent aux fonctionnaires et à leurs subordonnés qui les imitent.

L'Européen qui s'établit en pays chaud, les fonctionnaires civils ou militaires, doivent se préoccuper d'organiser pour eux et pour leurs subordonnés des distractions, qui sans exiger de grandes fatigues, les arrachent à l'inaction. Les promenades à cheval ou en bateau, les bains, les conversations, la pêche, les lectures attrayantes sont à recommander. Les Anglais organisent partout leurs jeux nationaux lawn tennis, croquet et en pareille circonstance le billard, les échecs, boules (etc), ne sont pas à dédaigner.

Pour tirer les indigènes de leur torpeur, il suffit d'organiser pour eux des danses auxquelles ils se livrent avec passion.

Dans toute colonie et surtout dans une colonie nouvelle, une solidarité étroite doit exister entre les nouveaux venus. C'est dans un appui mutuel, que les colons trouveront la force morale nécessaire pour fonder un premier établissement durable.

CHAPITRE VII

MALADIES SPÉCIALES A CERTAINES COLONIES

Les prescriptions précédentes relatives à l'hygiène générale, sont celles dont l'observation préserve aussi des maladies spéciales aux pays tropicaux. Ces maladies sont les fièvres paludéennes, la dysenterie et l'hépatite.

§ Ier. — LES FIÈVRES PALUDÉENNES

On retrouve les fièvres paludéennes dans toute la zône intertropicale. Elles sont dangereuses par les lésions qu'elles occasionnent dans le sang, la rate et le foie ; ce sont elles qui préparent le terrain à la dysenterie et à l'hépatite. Les sueurs abondantes qu'elles provoquent, laissent le malade affaibli et brisé et amènent rapidement l'anémie. L'aptitude à contracter les fièvres croît avec le nombre des accès et la salubrité ne peut régner en pays fiévreux.

Le germe de la maladie se dégage des marais ou d'un sol paludéen (1) ; il se transmet par l'atmosphère, et on le contracte principalement *en respirant* les effluves marémmatiques qui se dégagent du sol ou du marais, surtout au lever et au coucher du soleil, sous forme de vapeurs blanchâtres et lourdes. — Ces miasmes peu diffusibles sont arrêtés par un rideau d'arbres, une rangée de maisons, une colline ; en pays plat, par un temps calme, ils séjournent près du sol à de faibles hauteurs, 4 ou 5 mètres. Si le terrain est accidenté, ils s'accumulent dans les dépressions et les vallées, mais le vent peut aussi les emporter assez loin, un kilomètre et plus, et ces vents empoisonnés sont dangereux.

Prophylaxie. — Un choix convenable de l'habitation, comme il a été dit, préserve des fièvres. Le desséchement, le drainage et la culture du sol les font disparaître ; ainsi en Algérie, au début de la colonisation, les plaines de la Mitidja si saines aujourd'hui étaient aussi pernicieuses que les plus insalubres de nos colonies.

On habitera un étage et non un rez-de-chaussée. On ne

(1) Voir plus haut.

sortira pas en pays malsain, le matin avant le lever, le soir après le coucher du soleil ; on tiendra les fenêtres fermées, surtout du côté du marais, pour ne pas respirer les vapeurs délétères. — L'hygiène bien observée, la sobriété, une alimentation tonique et fortifiante sont d'excellents préservatifs. Enfin le vin de quinquina ou le sulfate de quiquine à la dose de $0^{gr}50$ à 1 gramme, donnent d'excellents résultats pour résister aux miasmes paludéens jusqu'à ce que le sol soit assaini.

§ II. — LA DYSENTERIE

La dysenterie, diarrhée de Cochinchine, ressemble aux fièvres par l'étendue de son domaine, ses causes et la ténacité de ses attaques.

Le germe de la maladie est contenu dans l'eau de boisson impure. On le contracte *en buvant* l'eau marécageuse et croupie, l'eau des fleuves ou des rivières riche en micro-organismes, l'eau de puits creusés dans un sol alluvionnaire, l'eau contaminée par des déjections de dysentériques.

Deux conditions principales préparent le terrain à la dysenterie en altérant la vitalité de l'intestin. Ce sont :

1° Les fièvres paludéennes. Toutes les causes qui favorisent les fièvres, favorisent aussi la dysenterie; celle-ci s'établit presque toujours et de préférence sur d'anciens fiévreux anémiés, à tel point qu'on l'a souvent définie une entérite chronique paludéenne.

2° De fortes chaleurs, une température élevée, congestionnent l'intestin. S'il survient un refroidissement brusque, la maladie éclate et elle redouble de fréquence en pays chaud quand ont lieu les grandes oscillations du thermomètre.

Enfin les excès alcooliques, les grandes fatigues, une mauvaise alimentation, prédisposent à la dysenterie.

Prophylaxie. — Eviter tout ce qui congestionne l'intestin, comme l'usage des liqueurs alcooliques et des spiritueux, les grandes fatigues et les sueurs abondantes, l'action directe du soleil, les refroidissements de toute nature, surtout ceux de l'abdomen et du tube digestif.

Ne boire que de l'eau bouillie ou fitrée, surveiller l'état de l'intestin, et à la moindre diarrhée, consulter le médecin comme s'il s'agissait d'une maladie sérieuse.

Il faut aussi, évacuer promptement les immondices,

désinfecter les selles des dysentériques, les latrines, fosses d'aisances, le linge souillé, et habiter une maison salubre et non encombrée.

§ III. — L'HÉPATITE

Autant les affections du foie sont rares en Europe, autant elles deviennent fréquentes en pays chaud.

Elles ont pour causes les fièvres paludéennes et la dysenterie qui provoquent ou aggravent l'hépatite ; mais outre cela, la chaleur humide, les refroidissements, tout ce qui congestionne les organes abdominaux, suffit pour déterminer les affections du foie. L'usage continuel des liqueurs fortes joue peut-être le rôle le plus important ; et contre cet excès, il est presque impossible de réagir à cause du mauvais exemple. Citons encore, les écarts de régime, les repas copieux amenant des embarras gastriques et une surcharge dans la circulation, les mets trop épicés.

Prophylaxie. — L'Européen doit se montrer sobre, surtout au début, suivre les règles indiquées à l'hygiène de l'alimentation et en particulier éviter les excès d'alcool qui surexcite directement le foie.

Comme pour la dysenterie, se garantir de tout ce qui congestionne l'intestin, action directe du soleil, fortes chaleurs, refroidissements (etc).

Il faut d'autre part faire usage de bains froids, de douches, qui sont des résolutifs des engorgements du foie et les préviennent. Enfin le sulfate de quinine a une action efficace, alors même que la maladie n'est pas causée par les fièvres paludéennes, et à fortiori dans le cas contraire, le remède attaquant l'intoxication palustre d'une façon directe.

CHAPITRE VIII

ÉPIDÉMIES

§ Ier. — MALADIES ÉPIDÉMIQUES

Les maladies précédentes et les épidémies de fièvre jaune et de choléra constituent le fond de la pathologie en pays chaud. Il faut mentionner également des cas de fièvre typhoïde.

Caractères de ces maladies. — Elles sont caractérisées par une diarrhée intense, des troubles profonds dans la circulation, la température du corps et le système nerveux. On admet aujourd'hui que la fièvre typhoïde et le choléra sont dus à des parasites spéciaux, très petits, se multipliant dans l'intestin et contenus dans les déjections des malades (selles et vomissements). Bien que la fièvre jaune n'ait pas été étudiée suffisamment, les symptômes et les lésions du vomito, tout porte à croire que cette maladie serait due à une cause analogue.

Contagion. — Modes de transmission. — Ces maladies sont transmissibles de l'individu malade à l'individu sain et elles se transmettent par les déjections.

Le principal véhicule des germes infectieux est l'eau de boisson, souillée, soit par des filtrations des fossés, ruisseaux, égoûts, soit par les déjections de malades jetées dans un cours d'eau ou sur le sol sans précaution. La preuve en est faite pour la fièvre typhoïde et le choléra, l'analogie du mode de transmission de la fièvre jaune conduit pour celle-ci aux mêmes conclusions.

Le poison adhère également aux linges des malades, aux objets de literie, aux vêtements ayant séjourné dans un foyer contaminé, aux maisons, casernes, navires, qu'ont habité des malades. Si l'on manie sans précautions les selles des individus atteints, leur linge souillé par la diarrhée ou les vomissements, il suffit de porter les mains à la bouche ou sur les aliments pour contracter la maladie.

Milieux favorables au développement. — Les épidémies n'éclatent avec violence, que là où elles trouvent un terrain favorable, ce terrain est préparé : 1° par la malpropreté ; 2° par l'encombrement. On peut être sûr qu'elles atteindront les quartiers sales, mal ventilés, à population dense et entassée, les navires où les soins de propreté seront négligés ; elles respecteront au contraire les endroits propres, éclairés, bien aérés et salubres. Les vents ne diffusent pas les germes, mais quand ils sont chauds et humides ils favorisent leur développement ; par suite, c'est surtout pendant la saison chaude que les maladies éclatent de préférence.

§ II. — PRÉCAUTIONS EN TEMPS D'ÉPIDÉMIE

Prophylaxie. — On ne connait pas de remèdes spécifiques contre la fièvre jaune, la fièvre typhoïde et le choléra. En revanche, les mesures d'hygiène appliquées d'une façon énergique, sont toutes puissantes pour enrayer ou prévenir l'épidémie. Ces mesures sont :

A. L'isolement des individus atteints.
B. Le nettoyage et la désinfection.
C. La prophylaxie individuelle.

A. *Isolement.* — C'est ordinairement par voie de mer que se propagent ces maladies, par des navires venant d'endroits où sévit une épidémie de fièvre jaune ou de choléra(1). La durée de l'incubation de la maladie pouvant être de quinze jours, on devra imposer un délai de quinze jours aux navires venant de pays suspects. En cas de décès à bord, on isolera le malade, on désinfectera les marchandises et les vêtements des passagers qui prendront eux-mêmes un bain savonneux.

En cas d'épidémie, les malades doivent être isolés s'ils sont transportés à l'hôpital. Il est alors indispensable d'organiser une équipe et des postes de secours munis d'objets de transport (litières, brancards), de lits, tables, chaises, d'un sac chirurgical (etc). Un médecin ou des agents de la police sanitaire dirigeront ces secours, ils visiteront par exemple à heure fixe tous les locaux et feront transporter le malade dans un endroit spécial (infirmerie, ambulance, hôpital), si cela est nécessaire. Ainsi chacun

(1) Le choléra est endémique sur les bords du Gange, en Indo Chine ; la fièvre jaune sur les côtes insulaires et continentales du golfe du Mexique, les côtes du Brésil (Para), et la colonie anglaise de Sierra Léone.

recevra du soulagement et personne ne restera abandonné sans soins.

Enfin l'isolement peut être individuel et la famille peut rester dans les maisons, si on pratique avec soin les mesures de désinfection. Le malade doit être tenu dans une pièce spéciale, meublée le plus simplement possible, sans rideaux, tentures, tapis. Ses garde-malades seuls l'approcheront, prendront leurs repas dans une autre pièce et se laveront fréquemment le visage et les mains au savon. On aérera deux fois par jour au moins, en tenant le malade dans un état de propreté rigoureux; le lit placé de préférence au milieu de la chambre.

Les objets souillés, les déjections, seront désinfectés avant de sortir de la chambre. On désinfectera aussi les vêtements du malade, qui une fois guéri, prendra un bain savonneux. Avant de rentrer dans la pièce on la désinfectera, et de temps en temps, on fera la même opération pour les effets des garde-malades.

B. *Nettoyage.* — *Désinfection.* — Le nettoyage et la propreté de l'eau et du sol, la ventilation, la lumière, sont les moyens les plus sûrs de braver les épidémies. Si elles éclatent, on fera nettoyer à fond la colonie menacée, les rues, les maisons, les égoûts et fosses d'aisances, les endroits sombres et humides d'où se dégagent de mauvaises odeurs. On désinfectera les ruisseaux, les égoûts, les fosses. Pour cela, il faut organiser une escouade de désinfecteurs, de nettoyeurs; car rien ne sera fait, soit par ignorance, soit par négligence, si chacun est abandonné à son initiative. On devra procéder d'une façon sûre, commode et peu coûteuse.

DÉJECTIONS. — Dans les vases qui reçoivent les déjections, on placera à l'avance du lait de chaux ou du chlorure de chaux, dans la proportion de 2 % environ. On désinfectera de même les fosses, et à défaut de fosses, on creusera au loin un trou profond dans la terre; on y versera les déjections, puis on recouvrira le tout de terre après l'avoir arrosé avec le désinfectant. On ne doit rien jeter sur les fumiers ou dans les ruisseaux. Les égoûts, ruisseaux, seront désinfectés avec du chlorure de chaux, ou du sulfate de fer préparé comme le chlorure de chaux (50 grammes de désinfectant par litre d'eau).

LINGES, LITERIE, VÊTEMENTS. — Le linge sans valeur sera

brûlé immédiatement. On désinfectera les draps (etc), en les plongeant pendant deux heures dans une solution forte de sublimé corrosif, (obtenue en dissolvant 1 gramme de sublimé dans un litre d'eau additionné de 2 grammes d'acide chlorhydrique). On peut encore procéder de la façon suivante. On noue dans un sac en toile un kilogramme de chlorure de chaux, on plonge ce sac dans 20 litres d'eau et on laisse la matière se dissoudre. Dans cette solution, on immerge pendant deux heures les objets à désinfecter ; le linge est ensuite rincé et passé à l'eau bouillante avant d'être lessivé. Un procédé plus expéditif et plus commode, c'est la désinfection par la vapeur d'eau sous pression dans l'étuve Geneste et Herscher. Enfin à défaut d'autre désinfectant, on place les linges dans l'eau bouillante pendant deux heures et on les désinfecte à l'acide sulfureux.

Chambres. — On lave le parquet, les murs, les plafonds, les boiseries, avec la solution de sublimé, soit à l'aide d'une éponge, soit à l'aide d'un pulvérisateur. Dans ce dernier cas, il faut procéder à la pulvérisation suivant des lignes parallèles, de telle sorte que toute la surface d'une paroi soit couverte d'une couche de liquide réduit en gouttelettes. — On peut aussi se servir du soufre. Pour cela, on humecte le parquet avec une éponge, on colle soigneusement du papier sur toutes les ouvertures (fentes de portes, de fenêtres, du rideau de cheminée, trou de serrure etc.) et on brûle autant de fois 30 grammes de soufre que la pièce contient de mètres cubes. Le soufre, cassé en petits fragments, est introduit dans un vase en fer d'une seule pièce ou en terre, on l'arrose d'alcool qu'on enflamme en se retirant. On bouche les fentes des portes en y collant du papier et on laisse la pièce fermée pendant vingt-quatre heures. Pour que le soufre ne mette pas le feu, il est prudent de placer le récipient à soufre dans un baquet contenant de l'eau. Ce genre de désinfection n'altère nullement les tentures, lits, bronzes, dorures, objets d'arts (etc); il est sûr et commode.

Ces mesures de désinfection doivent être pratiquées pour les autres maladies transmissibles (variole, etc).

c. *Précautions individuelles.* — On ne boira que de l'eau bouillie ou filtrée, les aliments seront tous bien cuits, on évitera les crudités et les écarts de régime.

Dans la maison, on usera des antiseptiques. On lavera

deux fois par jour les éviers de cuisine au lait de chaux ou au sublimé; les boîtes à ordures, les cabinets d'aisance seront également désinfectés en y versant du chlorure de chaux ou du sublimé. On fera bien de se laver souvent les mains, la figure, la bouche, avec une solution faible de sublimé. Le lavage du linge sera surveillé de façon qu'il ne touche pas des linges déjà contaminés; on fera mieux de le laver soi-même, en ne le laissant jamais séjourner dans un endroit obscur et non aéré. On tiendra très propres les appartements, on veillera à la propreté corporelle. Enfin on soignera d'une façon énergique le moindre dérangement d'intestin.

Quant au traitement hygiénique, il se rapproche de celui de la dysenterie. Le malade doit éviter les refroidissements et on le maintiendra constamment chaud par des frictions, des bains chauds, un calorifère. On le soutiendra par des toniques, café, vin, champagne.

FIN.

TABLE DES MATIÈRES

CHAPITRE I

Climat des Colonies. — Conditions de salubrité.

CHAPITRE II

L'habitation

CHAPITRE III

Hygiène urbaine

CHAPITRE IV

Hygiène de la Peau

CHAPITRE V

Alimentation

CHAPITRE VI

Occupations

CHAPITRE VII

Maladies spéciales à certaines colonies

CHAPITRE VIII

Epidémies

Lorient. — Imp. A. de la Morinière.

www.ingramcontent.com/pod-product-compliance
Ingram Content Group UK Ltd.
Pitfield, Milton Keynes, MK11 3LW, UK
UKHW020426230726
13925UKWH00004B/1626

9 782013 608053